BEI GRIN MACHT SICH IHR WISSEN BEZAHLT

- Wir veröffentlichen Ihre Hausarbeit, Bachelor- und Masterarbeit

- Ihr eigenes eBook und Buch - weltweit in allen wichtigen Shops

- Verdienen Sie an jedem Verkauf

Jetzt bei www.GRIN.com hochladen und kostenlos publizieren

Das öffentliche Ladesystem in der Elektromobilität. Wirtschaftliche und politische Einflüsse

Alexander Reimer

Bibliografische Information der Deutschen Nationalbibliothek:

Die Deutsche Nationalbibliothek verzeichnet diese Publikation in der Deutschen Nationalbibliografie; detaillierte bibliografische Daten sind im Internet über http://dnb.d-nb.de abrufbar.

ISBN: 9783346978745
Dieses Buch ist auch als E-Book erhältlich.

© GRIN Publishing GmbH
Trappentreustraße 1
80339 München

Druck und Bindung: Books on Demand GmbH, Norderstedt Germany
Gedruckt auf säurefreiem Papier aus verantwortungsvollen Quellen

Das Buch bei GRIN: https://www.grin.com/document/1423270

Energiewirtschaft

Hausarbeit zum Thema:

Öffentliche Ladesysteme

Säulen des Wandels: Eine Analyse der wirtschaftlichen und politischen Einflüsse auf die
Evolution des öffentlichen Ladesystems in der Elektromobilität

Vorgelegt von: Alexander Reimer
Fachsemester: 3. Master

Inhalt

Einleitung

Die vorliegende Hausarbeit taucht in eine Ära ein, die von einem wachsenden Bewusstsein für nachhaltige Mobilität geprägt ist und sich in zunehmender Bedeutung der Elektromobilität manifestiert. In diesem Kontext ist der Erfolg dieser Technologie nicht allein von Fortschritten in der Fahrzeugtechnik abhängig, sondern in hohem Maße von der effektiven Gestaltung öffentlicher Ladesysteme.

Die Untersuchung konzentriert sich auf die tiefgreifende Analyse der wirtschaftlichen und politischen Einflüsse, die die Entwicklung des öffentlichen Ladesystems für Elektrofahrzeuge geprägt haben und weiterhin prägen. Dabei wird nicht nur die Vergangenheit der Elektromobilität beleuchtet, sondern auch ein Blick in die Zukunft geworfen, um die Herausforderungen und Chancen zu verstehen, denen das öffentliche Laden gegenübersteht. Diese Erkundung ist als essenziell zu betrachten, da sie einen Beitrag dazu leisten soll, öffentliche Ladesysteme effizienter zu gestalten und besser an die Bedürfnisse einer wachsenden Elektromobilitätslandschaft anzupassen.

Das übergeordnete Ziel dieser Hausarbeit besteht in einer umfassenden Analyse der wirtschaftlichen und politischen Einflüsse auf die Evolution des öffentlichen Ladesystems in der Elektromobilität. Neben der Aufdeckung vergangener Entwicklungen sollen auch aktuelle Herausforderungen und Chancen identifiziert werden. Die Forschung strebt dabei an, ein tiefgehendes Verständnis für die Komplexität der Entwicklung öffentlicher Ladesysteme zu vermitteln.

Durch die Auseinandersetzung mit diesen Einflussfaktoren soll die Hausarbeit nicht nur Vergangenes und Gegenwärtiges aufzeigen, sondern auch Schlussfolgerungen ziehen, die dazu beitragen, zukünftige Entwicklungen und Gestaltungen dieser Systeme besser zu verstehen und zu verbessern. Somit fungiert die Arbeit als Beitrag zur Optimierung öffentlicher Ladeinfrastrukturen im dynamischen Kontext der Elektromobilität.

In diesem Sinne wird der Leser durch eine facettenreiche Analyse geführt, die nicht nur die technologische Seite der Elektromobilität beleuchtet, sondern auch die entscheidende Rolle, die wirtschaftliche Faktoren und politische Entscheidungen bei der Gestaltung der Ladeinfrastruktur spielen. Der Blick in die Zukunft eröffnet schließlich eine Perspektive auf Trends und Innovationen, potenzielle Veränderungen durch Technologieentwicklungen sowie Prognosen für die Weiterentwicklung öffentlicher Ladesysteme. Zusammengefasst trägt die Hausarbeit dazu bei, ein umfassendes Bild der Elektromobilität und ihrer öffentlichen Ladeinfrastruktur zu zeichnen, um fundierte Schlussfolgerungen und Handlungsempfehlungen für die Zukunft abzuleiten.

1. Begriffsdefinition

Die nachfolgende Begriffsdefinition zielt darauf ab, das Verständnis für Elektromobilität zu vertiefen und zu verdeutlichen, dass diese untrennbar mit den Ladesystemen verbunden ist. Beide Komponenten arbeiten in enger Verbindung miteinander und sind aufeinander angewiesen, um das Konzept der Elektromobilität vollumfänglich zu erfassen.

1.1 Definitionen und Grundlagen der Elektromobilität

Elektromobilität bezieht sich auf den Einsatz von Elektrofahrzeugen, die von elektrischen
Energiespeichern angetrieben werden, wie beispielsweise Batterien. Im Gegensatz zu
herkömmlichen Fahrzeugen mit Verbrennungsmotoren setzen Elektrofahrzeuge auf die Nutzung
elektrischer Energie, was dazu beiträgt, den CO2-Ausstoß zu reduzieren und eine nachhaltigere Form
der Mobilität zu ermöglichen. Die Elektromobilität erstreckt sich über verschiedene Fahrzeugtypen,
einschließlich Elektroautos, Elektrofahrräder und elektrisch betriebene Busse. (vgl. Infineon, 2021)

1.2 Konzeption und Funktionen öffentlicher Ladesysteme

Öffentliche Ladesysteme sind entscheidende Infrastrukturelemente für die Elektromobilität und
ermöglichen es den Nutzern, ihre Elektrofahrzeuge aufzuladen, insbesondere in öffentlichen
Räumen. Die Konzeption dieser Systeme umfasst Aspekte wie die Standortplanung,
Ladestationstypen, Zugänglichkeit und Netzintegration. Die Funktionen öffentlicher Ladesysteme
reichen von der Bereitstellung von Ladeinfrastruktur für Elektrofahrzeuge bis zur Abrechnung der
Ladevorgänge. Diese Systeme sollen eine zuverlässige und bequeme Möglichkeit bieten,
Elektrofahrzeuge aufzuladen, um die Alltagstauglichkeit und Verbreitung der Elektromobilität zu
fördern. (vgl. ElektroMobilität NRW, 2022)

2. Historische Entwicklung

Die historische Entwicklung der Elektromobilität lässt sich bis ins 19. Jahrhundert zurückverfolgen.
Bereits in den 1830er Jahren experimentierten Pioniere wie Robert Anderson und Thomas Davenport
mit elektrisch angetriebenen Fahrzeugen. Während der folgenden Jahrzehnte entstanden
verschiedene Prototypen von Elektroautos, allerdings waren diese zunächst teuer und die verfügbare
Technologie begrenzt. (vgl. EVBox, 2021)

2.1 Frühe Formen öffentlicher Ladeinfrastruktur

Die Anfänge öffentlicher Ladeinfrastruktur reichen bis in die frühen Phasen der Elektromobilität
zurück. In den 20er und 30er Jahren des 20. Jahrhunderts wurden in einigen städtischen Zentren wie
New York City und London Ladestationen für Elektrofahrzeuge eingerichtet. Diese Stationen waren
jedoch eher begrenzt und die Technologie in dieser Zeit ermöglichte nur langsame Ladevorgänge.
(vgl. Baumgartner et. All, 2018, S. 17)

2.2 Entwicklung der Elektromobilität bis zum aktuellen Zeitpunkt

In den letzten Jahrzehnten hat die Elektromobilität einen signifikanten Fortschritt erlebt. Durch
technologische Innovationen, sinkende Batteriekosten und ein wachsendes Umweltbewusstsein hat
sich die Branche stetig weiterentwickelt. Elektroautos verschiedener Hersteller sind nun auf dem
Markt verfügbar, und die Ladeinfrastruktur wurde kontinuierlich ausgebaut, um den wachsenden
Bedarf zu decken. Die zunehmende Unterstützung von Regierungen und politischen Maßnahmen hat
ebenfalls zu einem verstärkten Interesse und einer breiteren Akzeptanz der Elektromobilität geführt.
(vgl. Wallbox)

2.3 Meilensteine und Wendepunkte in der Entwicklung des öffentlichen Ladens

Meilensteine in der Entwicklung des öffentlichen Ladens sind eng mit technologischen Durchbrüchen
und politischen Entscheidungen verbunden. Die Einführung von Schnellladesystemen, insbesondere
in den letzten Jahren, hat die Ladezeit erheblich verkürzt und die Alltagstauglichkeit von

Elektrofahrzeugen verbessert. Auch Förderprogramme und gesetzliche Regelungen, die den Ausbau der Ladeinfrastruktur unterstützen, haben einen bedeutenden Einfluss auf die Entwicklung gehabt. Die kontinuierliche Optimierung und Erweiterung öffentlicher Ladesysteme sind entscheidend, um die wachsende Elektromobilität effektiv zu unterstützen und langfristig zu etablieren. (vgl. Ebd.)

2.4 Aktuelle Planung der EU verpflichtender Ausbau der Ladeinfrastruktur

Das EU-Parlament hat einen Meilenstein für die Elektromobilität gesetzt, indem es für einen verpflichtenden Ausbau der Ladeinfrastruktur in Europa gestimmt hat. Bis 2026 sollen entlang der Hauptverkehrsstraßen der EU alle 60 Kilometer öffentliche Ladestationen verfügbar sein. In Deutschland plant die Bundesregierung, bis 2030 eine Million Ladepunkte zu schaffen, wofür 6,3 Milliarden Euro investiert werden. Die Anzahl der Ladepunkte in Deutschland ist bereits gestiegen, insbesondere bei Schnellladepunkten. Der ADAC betont jedoch, dass der Ausbau allein nicht ausreicht und fordert zusätzliche Maßnahmen wie mehr öffentliche Lademöglichkeiten in urbanen Räumen und Lösungen für Hindernisse in Wohneigentümergemeinschaften. Der Verband hebt auch die Notwendigkeit von Planungssicherheit bei Förderungen und erschwinglichen Elektrofahrzeugen hervor. (vgl. ADAC, 2023)

3. Wirtschaftliche Einflüsse

Die erfolgreiche Etablierung und Entwicklung öffentlicher Ladesysteme für Elektrofahrzeuge stehen in einem engen Zusammenhang mit verschiedenen wirtschaftlichen Faktoren, die die Entscheidungen von Unternehmen, Investoren und Regierungen beeinflussen.

3.1 Einfluss wirtschaftlicher Faktoren auf das öffentliche Laden

Die Dynamik des Elektromobilitätsmarktes wird maßgeblich von ökonomischen Aspekten beeinflusst. Preisentwicklungen von Elektrofahrzeugen, Batteriekosten und Energiepreise spielen eine zentrale Rolle bei der Akzeptanz und Verbreitung von Elektromobilität. Zusätzlich wirken sich staatliche Anreize, Steuererleichterungen und Förderprogramme erheblich auf die Investitionsbereitschaft in öffentliche Ladeinfrastruktur aus. Im Rahmen des Förderprogramms "Öffentlich zugängliche Ladeinfrastruktur für Elektrofahrzeuge in Deutschland" für den Zeitraum von 2021 bis 2025 stellt das Bundesministerium für Verkehr und digitale Infrastruktur (BMVI) zusätzlich 500 Millionen Euro zur Verfügung. Dieses Programm zielt darauf ab, die Errichtung von Normalladepunkten mit einer Ladeleistung bis zu 22 kW sowie von Schnellladepunkten mit einer Leistung von mehr als 22 kW zu fördern, an denen ausschließlich des Ladens mit Gleichstrom (DC) möglich ist. Des weiteren sind die Kosten für die erforderlichen Netzanschlüsse sowie für Kombinationen aus Netzanschluss und Pufferspeicher förderfähig. Diese Initiative unterstreicht das Bestreben, die öffentlich zugängliche Ladeinfrastruktur in Deutschland weiter auszubauen und somit die Elektromobilität nachhaltig zu fördern. (vgl. bmdv, 2023)

3.2 Investitionen und Finanzierung von Ladeinfrastruktur

Die Errichtung und Instandhaltung von öffentlichen Ladesystemen erfordert erhebliche Investitionen. Hierbei sind private Unternehmen, Energieversorger, Städte und staatliche Institutionen gleichermaßen involviert. Die Finanzierung erfolgt oft durch eine Kombination aus öffentlichen Geldern, privaten Investitionen und Fördermitteln. Die Rentabilität solcher Investitionen ist jedoch nicht nur von der Anzahl der Elektrofahrzeuge abhängig, sondern auch von der Auslastung der Ladestationen und den gewählten Geschäftsmodellen. (vgl. Ebd)

3.3 Geschäftsmodelle und Wirtschaftlichkeit öffentlicher Ladesysteme

Die Wirtschaftlichkeit von öffentlichen Ladesystemen ist ein entscheidender Faktor für ihre langfristige Existenz. Verschiedene Geschäftsmodelle werden verfolgt, von kostenlosen Lademöglichkeiten bis hin zu nutzungsbasierten Gebühren. Die Verfügbarkeit von schnellen und zuverlässigen Lademöglichkeiten kann die Nachfrage steigern und somit die Wirtschaftlichkeit verbessern. Eine sorgfältige Planung der Standorte, Berücksichtigung regionaler Bedürfnisse und eine angemessene Preiskalkulation sind essenziell, um nachhaltige Geschäftsmodelle für öffentliche Ladesysteme zu entwickeln. Der Wettbewerb und die technologische Entwicklung werden weiterhin die wirtschaftlichen Parameter dieses Sektors beeinflussen und Innovationen in der Finanzierung und im Betrieb von Ladeinfrastruktur vorantreiben. (vgl. emobia)

4. Politische Einflüsse

Die Entwicklung der Elektromobilität wird wesentlich von politischen Maßnahmen und Regulierungen beeinflusst, die darauf abzielen, die Verbreitung von Elektrofahrzeugen zu fördern und gleichzeitig Umweltauswirkungen zu reduzieren.

4.1 Politische Maßnahmen und Regulierungen im Bereich Elektromobilität

Politische Entscheidungen spielen eine Schlüsselrolle in der Elektromobilitätsentwicklung. Durch Steueranreize, Emissionsstandards und Zulassungsbeschränkungen beeinflussen Regierungen direkt die Attraktivität von Elektrofahrzeugen. Zudem erlassen viele Länder Gesetze zur Förderung des Baus und Betriebs von öffentlichen Ladesystemen, was einen direkten Einfluss auf die Verfügbarkeit und Nutzung von Ladeinfrastruktur hat. (vgl. Nationale-Leitstelle)

4.2 Förderprogramme und politische Entscheidungen im Kontext öffentlicher Ladesysteme

Förderprogramme sind ein zentrales Instrument politischer Gestaltung, um den Ausbau von öffentlichen Ladesystemen zu unterstützen. Subventionen für den Bau von Ladestationen, finanzielle Anreize für Betreiber und Nutzer sowie Fördermittel für Forschungsprojekte tragen dazu bei, die Attraktivität und Rentabilität von öffentlichen Ladesystemen zu steigern. Die Ausgestaltung dieser Programme hat direkte Auswirkungen auf die Entwicklung und Verbreitung der Ladeinfrastruktur. (vgl. Ebd)

4.3 Interaktion zwischen politischen Rahmenbedingungen und der Entwicklung von Ladeinfrastruktur

Die Interaktion zwischen politischen Rahmenbedingungen und der Entwicklung der Ladeinfrastruktur gestaltet sich äußerst komplex. Regulatorische Anforderungen üben Einfluss auf die Platzierung von Ladestationen aus, geben technische Standards vor und beeinflussen die Wettbewerbsbedingungen für Betreiber. Parallel dazu reagieren politische Entscheidungsträger auf technologische Entwicklungen und den Bedarf der Verbraucher, was zu einer dynamischen Wechselwirkung zwischen politischen Maßnahmen und dem Ausbau von Ladeinfrastruktur führt. In bestimmten

Bereichen, wie der Regulierung der Preisgestaltung von öffentlichen Ladepunkten, existieren bewusst keine regulatorischen Vorgaben, um die Attraktivität und den Wettbewerb zu fördern. Die Preisangabenverordnung (PAngV) legt für öffentliche Ladesäulen fest, dass die Preise pro Kilowattstunde (kWh) in Euro gut sichtbar anzubringen sind. Sollte ein verbrauchsunabhängiger Grundpreis erhoben werden, ist auch dieser anzugeben. Verstöße gegen diese Vorgaben gelten als Ordnungswidrigkeit und unterliegen der Verfolgung durch die Preisbehörden der Länder. Die Kontaktdaten der zuständigen Behörden sind im "Anschriftenverzeichnis für die Preisangabenverordnung" auf der Website des Bundesministeriums für Wirtschaft und Klimaschutz zu finden. Für die Preishöhe an Ladesäulen gibt es keine regulatorischen Vorgaben, da diese dem freien Wettbewerb unterliegt und vom Ladesäulenbetreiber frei festgelegt werden kann. Allerdings unterliegen marktbeherrschende Unternehmen strengeren Regelungen, um Missbrauch zu verhindern. Im Falle eines nachgewiesenen Missbrauchs können Betroffene unter bestimmten Bedingungen Unterlassungs- und Schadensersatzansprüche geltend machen. Eine mögliche Schadensersatzforderung erfordert jedoch ein nachgewiesenes Verschulden des Unternehmens. Die Kontrolle der Preise und des Wettbewerbs an Ladesäulen erfolgt durch Kartellbehörden auf verschiedenen Ebenen, sowohl auf Landes- als auch auf Bundesebene sowie auf europäischer Ebene. Das Verbot des Missbrauchs einer marktbeherrschenden Stellung wird konsequent durchgesetzt und kann im Falle eines Verstoßes zu Unterlassungs- und Schadensersatzansprüchen führen, sofern ein Verschulden des Unternehmens nachgewiesen wird. (vgl. bundesnetzagentur)

5. Aktuelle Herausforderungen

Die aktuelle Phase der Elektromobilitätsentwicklung steht vor diversen Herausforderungen, die von technischen Aspekten bis hin zu gesellschaftlichen Fragestellungen reichen.

5.1 Kapazitätsengpässe und technische Herausforderungen

Die steigende Anzahl von Elektrofahrzeugen bringt Herausforderungen in Bezug auf die Kapazität und Leistungsfähigkeit der Ladeinfrastruktur mit sich. Kapazitätsengpässe an stark frequentierten Standorten können zu Wartezeiten und Unannehmlichkeiten für die Nutzer führen. Technische Herausforderungen, wie die Integration von Schnellladesystemen und die Standardisierung von Ladeanschlüssen, sind entscheidend, um eine reibungslose Funktionalität sicherzustellen. Der Netzausbau stellt einen weiteren Dämpfer für den Ausbau der Ladeinfrastruktur dar, sowohl finanziell als auch in Bezug auf die langen Wartezeiten. Die aktuellen Genehmigungsverfahren und der Mangel an Fachkräften verzögern den Prozess zusätzlich. Dabei sind eine Bedarfsanalyse und Flexibilität bei der Ladeinfrastruktur von entscheidender Bedeutung. Klaus Müller, Präsident der Bundesnetzagentur, warnt bereits vor Überlastungen und lokalen Stromausfällen, insbesondere in Niederspannungsnetzen. Um dem entgegenzuwirken, plant die Bundesregierung ab Januar 2024 temporäre Stromrationierungen für Wärmepumpen und Ladestationen. (vgl. Hertel, 2023)

5.2 Nutzungskonflikte und Raumplanung

Die Komplexität der Ladeinfrastruktur in Bezug auf politische Rahmenbedingungen wird deutlich, wenn man die Platzierung von Ladestationen betrachtet. Diese Platzierung kann insbesondere in urbanen Gebieten mit eingeschränktem Raum zu Nutzungskonflikten führen. Dabei besteht die Herausforderung darin, Standorte zu identifizieren, die eine hohe Erreichbarkeit gewährleisten, ohne mit anderen Nutzungszwecken wie Parkplätzen oder Fußgängerzonen in Konflikt zu geraten. Eine präzise Raumplanung ist daher von entscheidender Bedeutung. Um Nutzungskonflikte im öffentlichen Raum zu vermeiden und Platz für die Mobilitätswende freizuhalten, ist es notwendig, bereits im Voraus zu antizipieren. Die Ladeinfrastruktur im Straßenraum stellt eine weitere Anwendung im öffentlichen Raum dar, der bereits von verschiedenen Nutzungskonkurrenzen betroffen ist. Hierzu zählen Geh- und Radwege, Parkraumdruck, fließender und ruhender motorisierter Individualverkehr sowie Ansprüche des Fuß- und Radverkehrs, soziale Begegnungsräume, Außengastronomie oder Begrünung. Neben den Nutzungskonflikten an der Straßenoberfläche treten nicht selten auch unterirdische Nutzungskonflikte auf. Beispielsweise dürfen Gas-, Wasser- und Stromleitungen nicht mit Fundamenten für Ladesäulen überbaut werden, was die Errichtung auf Gehwegnasen erschwert. Einige Kommunen versuchen, dies zu umgehen, indem sie die Errichtung auf Gehwegen vermeiden. Insbesondere zu Gasleitungen ist Abstand zu halten. Es können auch Konflikte mit Abwasserkanälen, Telekommunikationsleitungen, Nahwärmeleitungen oder Baumwurzeln entstehen. Daher ist es ratsam, das Tiefbauamt und Netzbetreiber stets einzubinden. (vgl. agora, 2023, Seite 15-16)

5.3 Umweltaspekte und nachhaltige Entwicklung

Die Nachhaltigkeit von Batterien, insbesondere im Kontext von Elektrofahrzeugen, ist von entscheidender Bedeutung. Die Bundesregierung Deutschlands setzt sich intensiv für nachhaltige Batterien aus Deutschland und Europa ein. Dies beinhaltet eine umfassende Betrachtung des ökologischen Fußabdrucks von Batterien von der Rohstoffgewinnung bis zum Recycling. Während Elektrofahrzeuge selbst eine umweltfreundliche Alternative darstellen, müssen auch die Umweltauswirkungen der Ladeinfrastruktur berücksichtigt werden. Dies beinhaltet den Energieverbrauch der Ladestationen, die Herstellung und Entsorgung von Ladeinfrastrukturkomponenten sowie umweltfreundliche Gestaltungskriterien für den Bau und Betrieb von Ladestationen. Eine ganzheitliche Betrachtung dieser Aspekte ist entscheidend für eine nachhaltige Entwicklung der Elektromobilität. (vgl. bmwk, 2022)

6. Zukunftsausblick

Die Zukunft des öffentlichen Ladens in der Elektromobilität wird von verschiedenen Trends, Innovationen und technologischen Entwicklungen geprägt sein, die eine transformative Wirkung auf die Branche haben werden.

6.1 Trends und Innovationen im öffentlichen Laden

Ein wesentlicher Trend ist die verstärkte Integration intelligenter Technologien in öffentliche Ladesysteme. Automatisierte Abrechnungssysteme, Vernetzung von Ladestationen für eine optimierte Auslastung und innovative Nutzererlebnisse werden voraussichtlich an Bedeutung gewinnen. Darüber hinaus könnten neue Geschäftsmodelle entstehen, die sich auf erweiterte Dienstleistungen rund um das Laden, wie beispielsweise Energiemanagement oder Ladestationen in Verbindung mit erneuerbaren Energien, konzentrieren. (vgl. Uni-Kassel, 2021)

6.2 Potenzielle Veränderungen durch technologische Entwicklungen

Technologische Fortschritte, insbesondere im Bereich der Batterietechnologie und Ladeinfrastruktur, werden die Zukunft des öffentlichen Ladens beeinflussen. Schnellladetechnologien, verbesserte Energiespeicher und die Einführung von drahtloser Ladeinfrastruktur könnten die Ladezeiten weiter verkürzen und die Benutzerfreundlichkeit erhöhen. Fortschritte in der Künstlichen Intelligenz können zudem dazu beitragen, Ladevorgänge präziser zu steuern und auf individuelle Nutzerpräferenzen abzustimmen. Das vom Bundesforschungsministerium geförderten Projekt SALM, das ein selbstadaptives Managementsystem für das Laden von Elektrofahrzeugen entwickelt. Inmitten des zunehmenden Elektrofahrzeugbestands und dem Ausbau der Ladestationen zielt das Projekt darauf ab, die Ladeinfrastruktur effizienter zu nutzen. Hierbei kommt künstliche Intelligenz (KI) zum Einsatz, um den Energiebedarf und die zulässige Ladedauer individueller Fahrzeuge zu analysieren und den Einsatz der Ladestationen zu optimieren. Das Projekt reagiert auf die Herausforderungen der Elektromobilität, insbesondere das schwankende Ladeverhalten und die unterschiedlichen Leistungsanforderungen der Fahrzeuge. Durch die Implementierung von künstlicher Intelligenz wird ein adaptiv lernendes System geschaffen, das autonom auf neue Situationen reagieren kann. Das Herzstück des Systems ist ein "Digitaler Zwilling", der das Verhalten der Ladestationen simuliert und somit den Regelvorgang optimiert. SALM ermöglicht individuelle Qualitätsziele, die sich auf die Bedürfnisse der Nutzer beziehen, wie kürzeste Ladedauer oder minimale CO_2-Emissionen. Die Evaluierung jedes Ladevorgangs ermöglicht es den Betreibern, den Bedarf an zusätzlichen Ladestationen zu beurteilen und die Anforderungen an das elektrische Netz zu verstehen. Durch eine umfassende Visualisierung der Qualitätskennzahlen soll die Software weiterentwickelt werden, um die Vorteile einer Selbstoptimierung durch den Einsatz von KI zu erforschen. Das Projekt wird als wegweisend für eine effiziente, effektive und kostengünstige Umsetzung der Energiewende gelobt, da es das Zusammenspiel von Ladeinfrastruktur, Elektrofahrzeugen, Digitalen Zwillingen und Künstlicher Intelligenz demonstriert. (vgl. ebd)

6.3 Prognosen und Perspektiven für die Zukunft öffentlicher Ladesysteme

Prognosen für die Zukunft des öffentlichen Ladens weisen auf eine verstärkte Integration von Elektromobilität in den Alltag hin. Eine wachsende Anzahl von Elektrofahrzeugen wird die Nachfrage nach öffentlicher Ladeinfrastruktur weiter steigern. In diesem Kontext könnten verstärkte Kooperationen zwischen Automobilherstellern, Energieversorgern und Technologieunternehmen entstehen. Zudem wird erwartet, dass die Förderung erneuerbarer Energien und die Entwicklung von nachhaltigen Ladeinfrastrukturkonzepten einen zentralen Platz in der Zukunftsgestaltung einnehmen. Die Notwendigkeit, den Ausbau der öffentlichen Ladeinfrastruktur für Elektrofahrzeuge zu beschleunigen wird einer Herausforderung und Lösungsansätzen aus zehn Punkten zusammengefasst:

1. Realistische Ziele setzen: Angesichts der dynamischen Entwicklung von Reichweiten und Ladetechnologien sollten realistische Ladeinfrastrukturziele unter Berücksichtigung von Ladeverhalten und technischen Neuerungen gesetzt werden.

2. Flächen bereitstellen und Genehmigungsverfahren beschleunigen: Um den Ausbau zu unterstützen, sind geeignete Standorte entscheidend. Flächen sollten zeitnah bereitgestellt und Genehmigungsverfahren beschleunigt werden.

3. Förderbürokratie vereinfachen: Obwohl der Staat den Ladeinfrastrukturaufbau unterstützt, besteht Bedarf, den bürokratischen Aufwand für die Förderung zu reduzieren und die Auszahlungsdauer zu verkürzen.

4. Schnellladegesetz zukunftsgerichtet gestalten: Die Ausschreibung von 1.000 Schnellladestandorten sollte allen Marktteilnehmern offenstehen, klare Konditionen bieten und zeitnah umgesetzt werden.

5. Wettbewerb sicherstellen: Insbesondere beim Schnellladeprogramm ist eine klare Wettbewerbsperspektive wichtig, ebenso wie ein Szenario für die Zeit nach der Förderung.

6. Nachhaltigen Investitionsrahmen gewährleisten: Ladeinfrastruktur erfordert langfristige Investitionen. Ein verlässlicher Investitionsrahmen und stabile technische Anforderungen sind entscheidend.

7. Ambitionierten rechtlichen Rahmen für privates Laden: Gesetze wie das Wohnungseigentumsmodernisierungsgesetz (WEMoG) und das Gebäude-Elektromobilitätsinfrastruktur-Gesetz (GEIG) unterstützen den Ausbau, könnten jedoch in Bezug auf Grenzwerte ambitionierter sein.

8. Potenziale beim Laden beim Arbeitgeber heben: Eine Strategie zur Nutzung privater Lademöglichkeiten am Arbeitsplatz ist notwendig, ebenso wie die Überwindung von Hürden wie der komplizierten Eigenstromabgrenzung bei Dienstwägen.

9. Verlässlichen Rahmen für Netzplanung und intelligente Steuerung schaffen: Die Integration neuer Verbraucher und Erzeuger erfordert einen verlässlichen Rahmen für Investitionen in Netz und Digitalisierung.

10. Ausbau Erneuerbarer Energien vorantreiben: Der Schlüssel für eine nachhaltige Elektromobilität liegt im beschleunigten Ausbau erneuerbarer Energien, um den steigenden Bedarf an grünem Strom zu decken.

(vgl. Bdew, 2021)

Die Perspektiven für öffentliche Ladesysteme sind positiv, wenn eine kontinuierliche Anpassung an technologische Entwicklungen und eine enge Zusammenarbeit zwischen verschiedenen Akteuren, einschließlich der öffentlichen Hand, der Industrie und der Forschung, gewährleistet sind. Eine flexible und vorausschauende Planung wird entscheidend sein, um den wachsenden Bedürfnissen der Elektromobilität gerecht zu werden und eine nachhaltige Mobilitätszukunft zu gestalten. (vgl. Ebd)

7. Schlussfolgerungen

Die historische Entwicklung der Elektromobilität, beginnend im 19. Jahrhundert, bis zu den jüngsten politischen Entscheidungen der EU für einen verpflichtenden Ausbau der Ladeinfrastruktur, zeugt von einer faszinierenden Reise und einem klaren Signal für die Zukunft. Die Pioniere wie Robert Anderson und Thomas Davenport haben den Weg geebnet, und heutzutage zeugen technologische Innovationen, sinkende Batteriekosten und eine wachsende Umweltbewusstseins von einer dynamischen Entwicklung der Branche. Elektroautos unterschiedlichster Hersteller sind nun auf dem Markt verfügbar, begleitet von einem kontinuierlichen Ausbau der Ladeinfrastruktur, um den steigenden Bedarf zu befriedigen. Die wirtschaftlichen Einflüsse auf das öffentliche Laden sind vielfältig. Preisentwicklungen von Elektrofahrzeugen, Batteriekosten und Energiepreise spielen eine Schlüsselrolle bei der Akzeptanz und Verbreitung der Elektromobilität. Die Bereitstellung von Fördermitteln, wie das deutsche Förderprogramm für öffentlich zugängliche Ladeinfrastruktur, unterstreicht das Engagement der Regierungen für den Ausbau der Elektromobilität. Investitionen und Finanzierung stellen einen zentralen Punkt dar, wobei verschiedene Akteure wie private Unternehmen, Energieversorger und staatliche Institutionen beteiligt sind. Die Wirtschaftlichkeit öffentlicher Ladesysteme wird durch Geschäftsmodelle beeinflusst, die von kostenlosen Lademöglichkeiten bis zu nutzungsbasierten Gebühren reichen. Die Verfügbarkeit schneller und zuverlässiger Lademöglichkeiten ist entscheidend, um die Nachfrage zu steigern. Politische Entscheidungen sind von grundlegender Bedeutung für die Entwicklung der Elektromobilität. Steueranreize, Emissionsstandards und Förderprogramme beeinflussen die Attraktivität von Elektrofahrzeugen. Die Interaktion zwischen politischen Rahmenbedingungen und der Ladeinfrastruktur ist komplex, wobei regulatorische Anforderungen die Platzierung von Ladestationen beeinflussen und technische Standards vorgeben. Die aktuellen Herausforderungen, von Kapazitätsengpässen bis zu Nutzungskonflikten und Umweltaspekten, erfordern innovative Lösungen. Die steigende Anzahl von Elektrofahrzeugen stellt die Ladeinfrastruktur vor Herausforderungen, die von Kapazitätsengpässen an frequentierten Standorten bis zu technischen Anforderungen wie der Integration von Schnellladesystemen reichen. Die Platzierung von Ladestationen in städtischen Gebieten birgt Nutzungskonflikte, die präzise Raumplanung erfordern. Die Nachhaltigkeit von Batterien und die ökologischen Auswirkungen der Ladeinfrastruktur müssen ebenfalls in den Fokus gerückt werden. Der Ausblick in die Zukunft zeigt eine zunehmende Integration intelligenter Technologien in öffentliche Ladesysteme. Automatisierte Abrechnungssysteme, vernetzte Ladestationen und innovative Nutzererlebnisse werden an Bedeutung gewinnen. Technologische Fortschritte in Batterietechnologie und Ladeinfrastruktur werden die Ladezeiten weiter verkürzen und die Benutzerfreundlichkeit verbessern. Die prognostizierte verstärkte Integration von Elektromobilität im Alltag wird durch verstärkte Kooperationen zwischen Automobilherstellern, Energieversorgern und Technologieunternehmen vorangetrieben. Die Schlüssel zur Zukunft des öffentlichen Ladens sind eine kontinuierliche Anpassung an technologische Entwicklungen und eine enge Zusammenarbeit zwischen verschiedenen Akteuren. Realistische Ziele, Beschleunigung von Genehmigungsverfahren, Vereinfachung der Förderbürokratie und die Schaffung nachhaltiger Investitionsrahmen sind notwendig. Eine umfassende Strategie, die den Ausbau erneuerbarer Energien einbezieht, wird eine zentrale Rolle spielen. Eine flexible und vorausschauende Planung wird entscheidend sein, um den wachsenden Bedürfnissen der Elektromobilität gerecht zu werden und eine nachhaltige Mobilitätszukunft zu gestalten. Nur durch die gemeinsame Anstrengung von Wirtschaft, Politik und Forschung kann die Elektromobilität weiter vorangetrieben und zu einem zentralen Bestandteil der Mobilitätslandschaft werden.

Literaturverzeichnis

ADAC. (26. September 2023). *Ladesäulen-Ausbau: Alle 60 Kilometer eine Ladestation fürs E-Auto*. Abgerufen am 29. 11 2023 von ADAC: https://www.adac.de/news/ladesaeulen-ausbau-deutschland/ [online]

Agora. (10. April 2023). *Stadt, Land, Ladefluss*. Abgerufen am 29. 11 2023 von Agora Verkehrswende: https://www.agora-verkehrswende.de/fileadmin/Projekte/2023/LIS_kommunal/104-Ladeinfrastruktur_kommunal.pdf [online]

bdew. (24. Febuar 2021). *Elektromobilität: Mehr als nur Autos*. Abgerufen am 29. 11 2023 von Bundesverband der Energie- und Wasserwirtschaft e.V.: https://www.bdew.de/media/documents/BDEW_10-Punkte-Plan_zur_Elektromobilit%C3%A4t.pdf [online]

bmdv. (10. November 2023). *Öffentlich zugängliche Ladeinfrastruktur für Elektrofahrzeuge in Deutschland*. Abgerufen am 10. 11 2023 von Bundesministerium für Digitales und Verkehr: https://bmdv.bund.de/SharedDocs/DE/Artikel/G/foerderrichtlinie-ladeinfrastruktur-elektrofahrzeuge.html {Online}

bmwk. (29. Dezember 2022). *Elektromobilität in Deutschland*. Abgerufen am 29. 11 2023 von Bundesministerium für Wirtschaft und Klimaschutz: https://www.bmwk.de/Redaktion/DE/Dossier/elektromobilitaet.html [online]

bundesnetzagentur. (kein Datum). *Elektromobilität*. Abgerufen am 29. 11 2023 von bundesnetzagentur: https://www.bundesnetzagentur.de/DE/Vportal/Energie/E_Mobilitaet/start.html {online}

Dr. Baumgartner, S., Baur, M., Drayß, J., Gehring, M., Noeren, D., Rist, M., & Stammer, M. (Juli 2018). *Elektromobilitätskonzept der Stadt Freiburg im Breisgau*. Abgerufen am 29. 11 2023 von freiburg: https://www.freiburg.de/pb/site/Freiburg/get/params_E-1705241722/1563730/E-Mobilitaet-Endbericht.pdf [online]

ElektroMobilität NRW. (Juli 2022). *Aufbau öffentlicher Ladeinfrastruktur - ein Leitfaden für Kommunen*. Abgerufen am 29. 11 2023 von elektromobilitaet: https://www.elektromobilitaet.nrw/fileadmin/Daten/Download_Dokumente/Kommunen/Broschuere_Aufbau_oeffent_Ladeinfrastruktur_ElektroMobilitaet_NRW.pdf [online]

emobia. (kein Datum). *E-Auto kostenlos laden: Nutze diese Gratis-Stromtankstellen (inkl. Übersichtskarte)!* Abgerufen am 29. 11 2023 von emobia: https://emobia.de/e-auto-kostenlos-laden/ [online]

evbox. (2021. Dezember 2021). *Die Geschichte des Elektroautos*. Abgerufen am 29. 11 2023 von evbox: https://blog.evbox.com/de-de/geschichte-des-elektroautos [online]

Hertel, K. (31. Januar 2023). *Die Herausforderungen beim Ausbau von Ladeinfrastruktur*. Abgerufen am 29. 11 2023 von meenergy: https://meenergy.earth/magazin/herausforderungen-ladeinfrastruktur [online]

Infineon. (Juli 2021). Abgerufen am 24. 11 2023 von Infineon:
https://www.infineon.com/cms/de/discoveries/elektromobilitaet/ [online]

Nationale-Leitstelle. (kein Datum). *Fördern*. Abgerufen am 29. 11 2023 von nationale-leitstelle:
https://nationale-leitstelle.de/foerdern/ [online]

Uni-Kassel. (28. Juni 2021). *Lademanagement mit Künstlicher Intelligenz: Projekt SALM*. Abgerufen
am 29. 11 2023 von uni-kassel: https://www.uni-kassel.de/uni/aktuelles/sitemap-detail-
news/2021/06/28/lademanagement-mit-kuenstlicher-intelligenz-projekt-
salm?cHash=2a52bda2f90acd914a456479d37e299f [online]

Wallbox. (kein Datum). *9 E-Auto-Experten: Diese Innovationen werden den Sektor prägen*. Abgerufen
am 29. 11 2023 von wallbox: https://wallbox.com/de_de/newsroom/innovationen-praegen-
zukunft-von-e-autos.html [online]